U0099719

小小夢想家
貼紙遊戲書
律師

新雅文化事業有限公司
www.sunya.com.hk

小小夢想家貼紙遊戲書

律師

編　　寫：新雅編輯室
插　　圖：玉子燒
責任編輯：黃稔茵
美術設計：郭中文
出　　版：新雅文化事業有限公司
香港英皇道 499 號北角工業大廈 18 樓
電話：(852) 2138 7998
傳真：(852) 2597 4003
網址：http://www.sunya.com.hk
電郵：marketing@sunya.com.hk
發　　行：香港聯合書刊物流有限公司
香港荃灣德士古道 220-248 號荃灣工業中心 16 樓
電話：(852) 2150 2100
傳真：(852) 2407 3062
電郵：info@suplogistics.com.hk
印　　刷：中華商務彩色印刷有限公司
香港新界大埔汀麗路 36 號
版　　次：二〇二四年五月初版

ISBN: 978-962-08-8377-4

18/F, North Point Industrial Building, 499 King's Road, Hong Kong
Published in Hong Kong SAR, China
Printed in China

小小夢想家，你好！我是一位律師。你想知道律師的工作是怎樣的嗎？請你玩玩後面的小遊戲，便會知道了。

律師小檔案

工作地點： 律師事務所、法庭

主要職責： 協助客戶解決各類法律問題和糾紛

性格特點： 重視邏輯、追求公義、具出色的表達能力

律師上班了

律師上班了！今早，他約了求助人在事務所會面。

請你從貼紙頁中選出貼紙貼在下面適當位置。

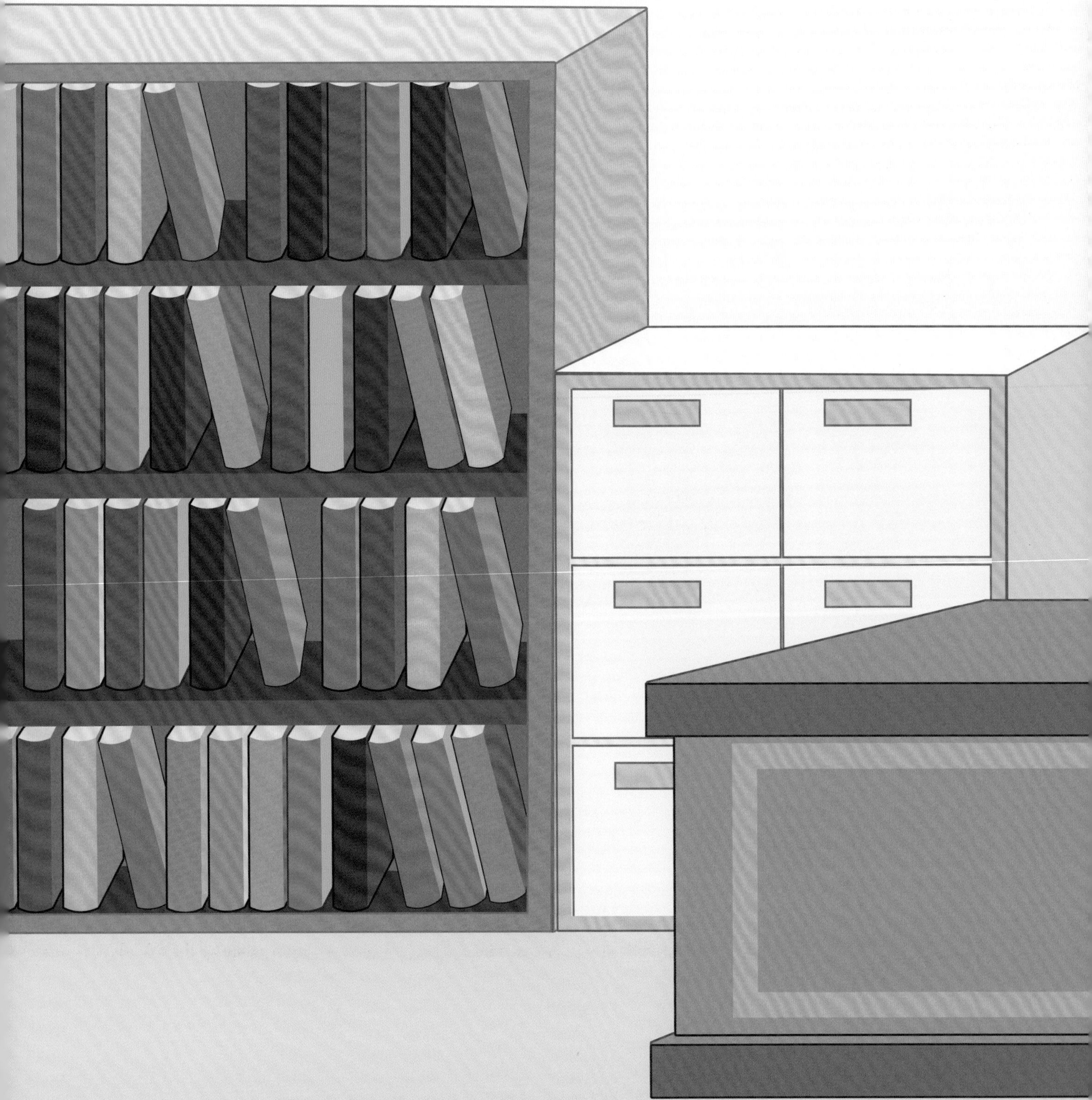

律師的工作

律師要應付各式各樣的工作。下面哪些事情是律師的工作呢？請在正確的 ☐ 內貼上 貼紙。

1.

草擬合約等法律文件

2.

捉拿犯人

3.

提供專業法律意見

4.

代表委託人出庭應訊

5.

照顧病人

6.

辦理結婚等法律程序

7.

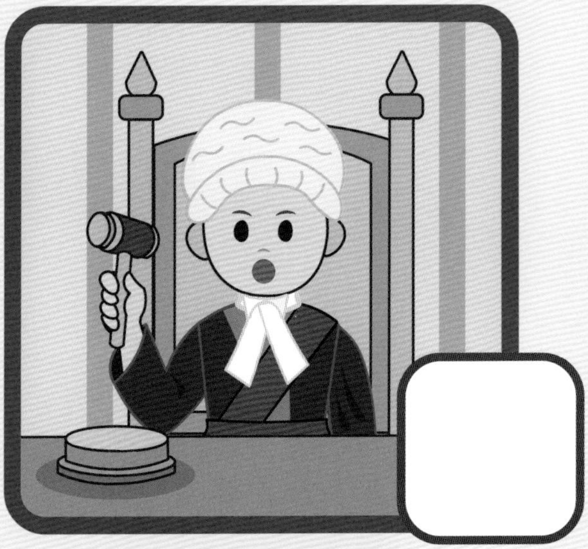

審理和判決案件

在香港，律師分為大律師和事務律師。雖然兩者的執業範圍不同，但他們都是非常專業的！

還原事發經過

做得好！

律師的其中一項工作是給予法律意見。在給予意見前，他要仔細聆聽求助人的陳述。請你把下面圖畫的代表字母，按事情發生的正確順序填在 □ 內。

A.

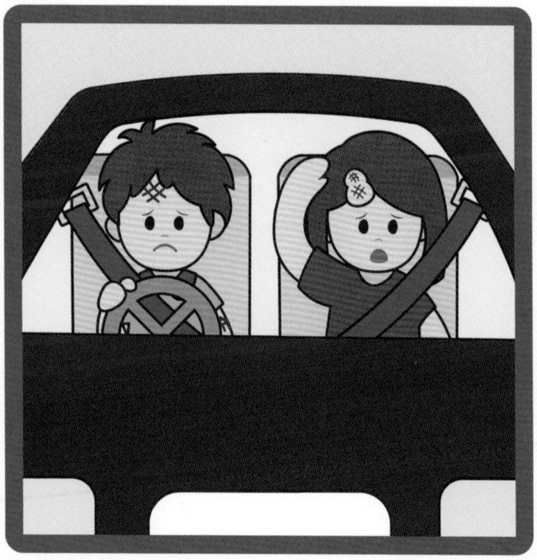

B.

C.

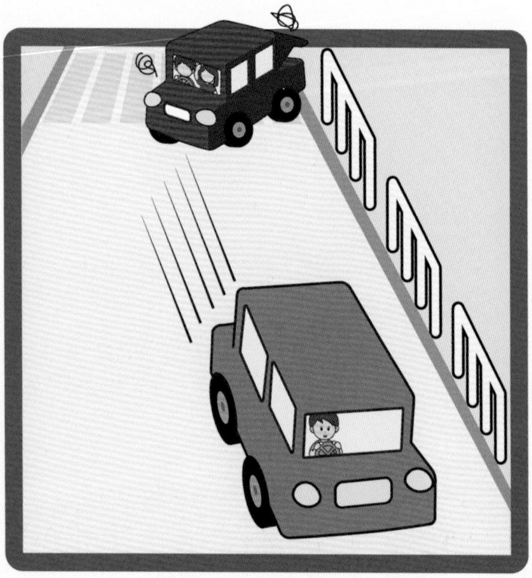

D.

D ➔ □ ➔ □ ➔ □

處理求助問題

律師正在處理不同求助問題。請完成下面「畫鬼腳」遊戲，看看律師會給予客戶什麼合適的法律意見，並把代表客戶的英文字母填在相應的橫線上。

做得好！

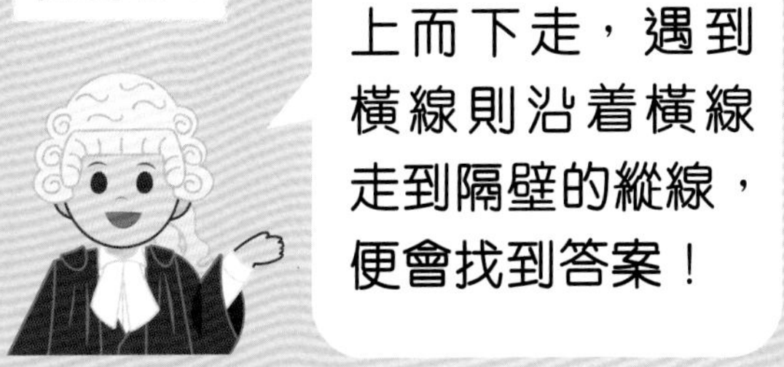
「畫鬼腳」玩法：跟着路線起點由上而下走，遇到橫線則沿着橫線走到隔壁的縱線，便會找到答案！

本公司正與乙公司商討合作，當中涉及商業秘密，該如何保障公司利益？
我遇上交通意外，腳部受傷，法庭裁定司機罪成，我可以怎樣索取賠償？
本機構計劃下月舉行公眾集會，人數超過 50 人，應向什麼政府部門申請？
A. 陳經理
B. 黃先生
C. 張主席

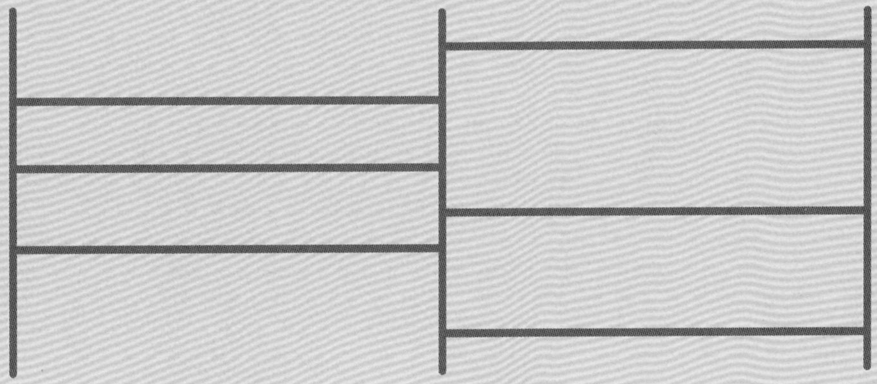

提出民事訴訟，要求合理賠償。

1. ______________

填寫通知書，通知警務處處長。

2. ______________

保密協議

簽訂保密協議，建立保密關係。

3. ______________

整理案件證據

律師收到了不同委託人就案件提供的證據，請根據案件，把證據貼紙貼在下面相應的桌子上。

1.

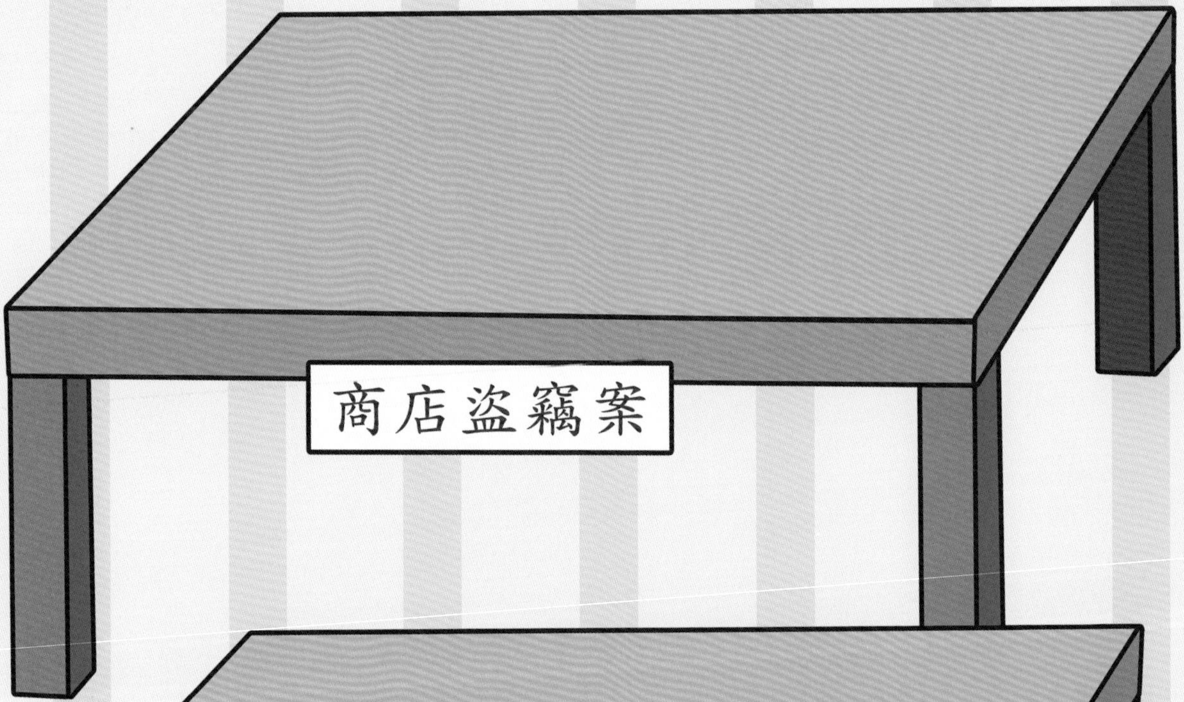

2.

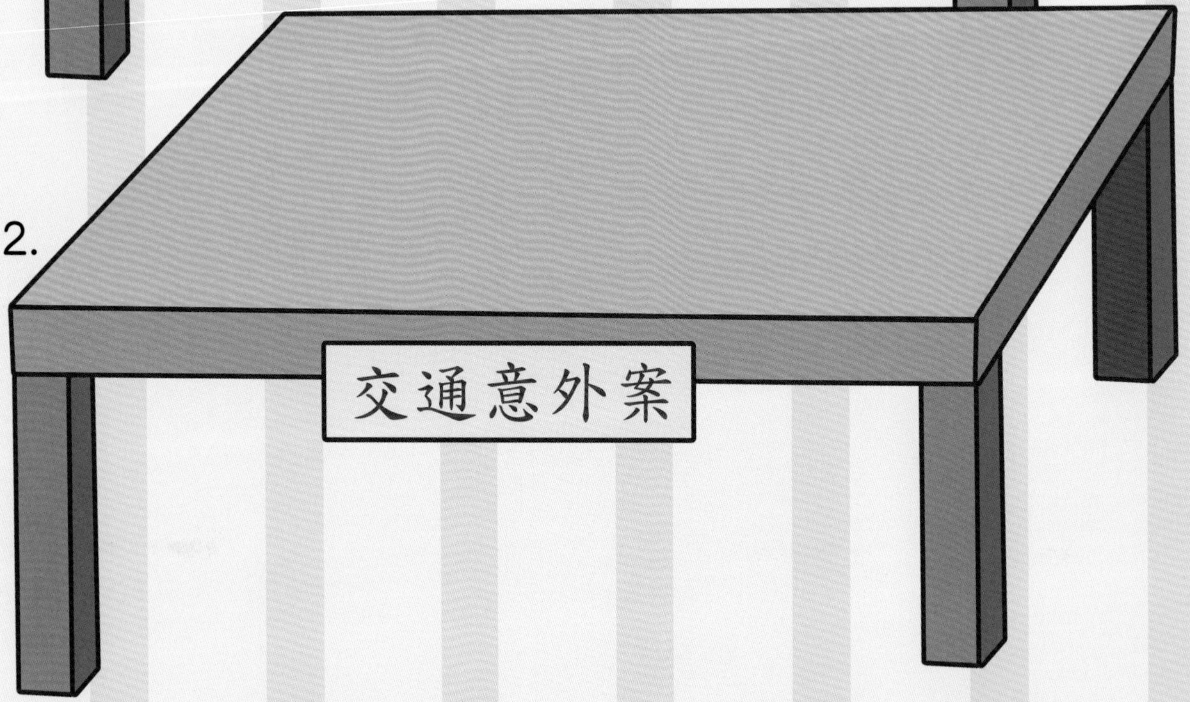

送遞法律文件

律師需要閱讀大量法律文件，如：過往的案例和判案書等。請你來當個小助手，畫出路線，將文件送到律師手上吧！

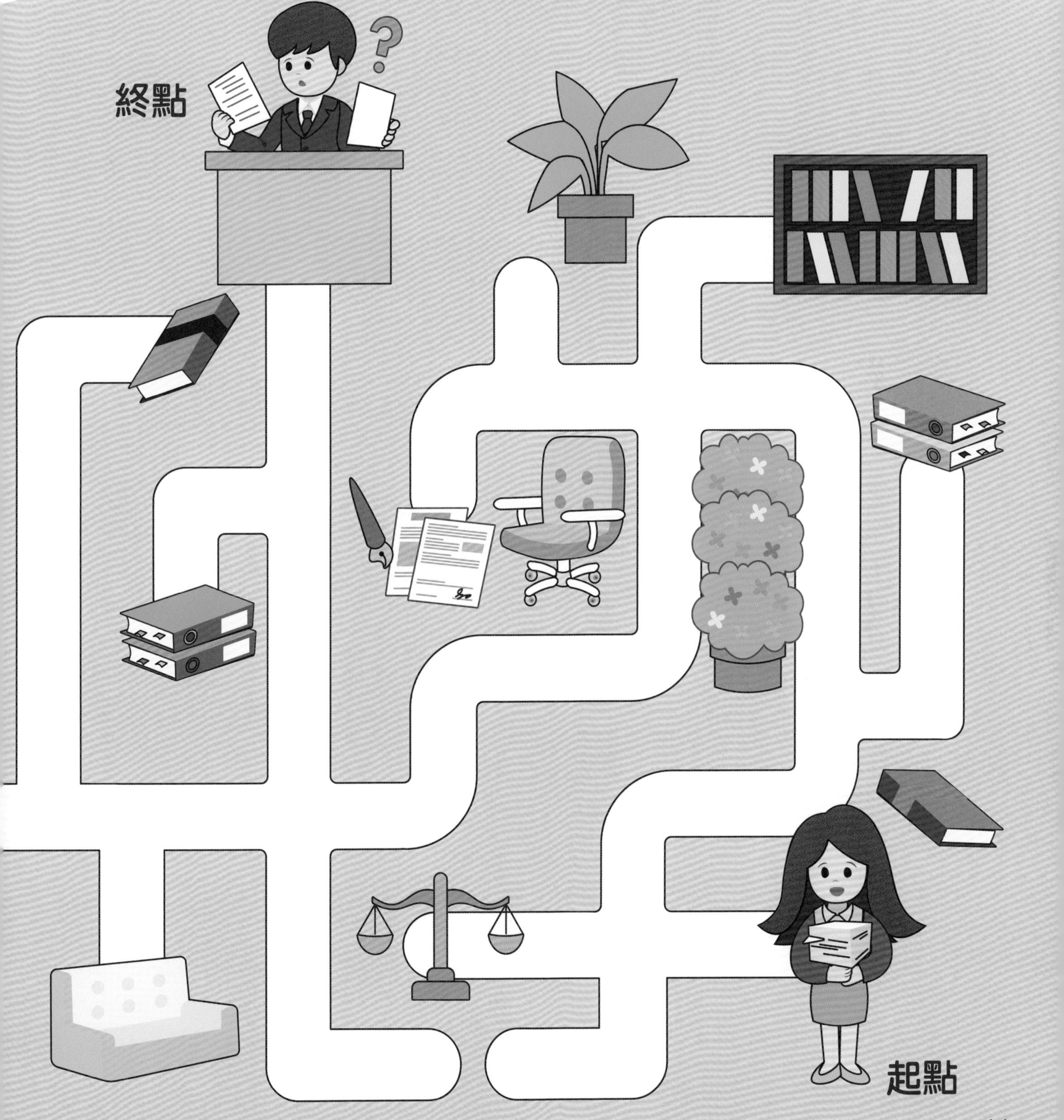

認識法例

律師向我們講解法例的知識。請你根據文字，把相應的貼紙貼在方框內。

遵守法例人人愛

✓ 遵守交通規則

✓ 入學接受教育

✓ 遵守場地規則

違法行爲別模仿

⊗亂拋垃圾

⊗盜竊他人財物

⊗破壞公物

律師的工具

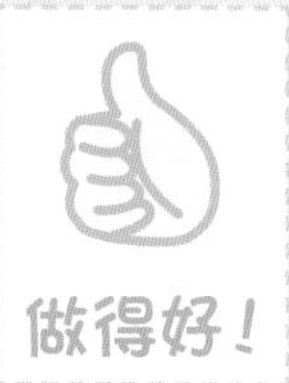

律師工作時需要使用什麼工具？請把需要的工具圈起來。

A

B
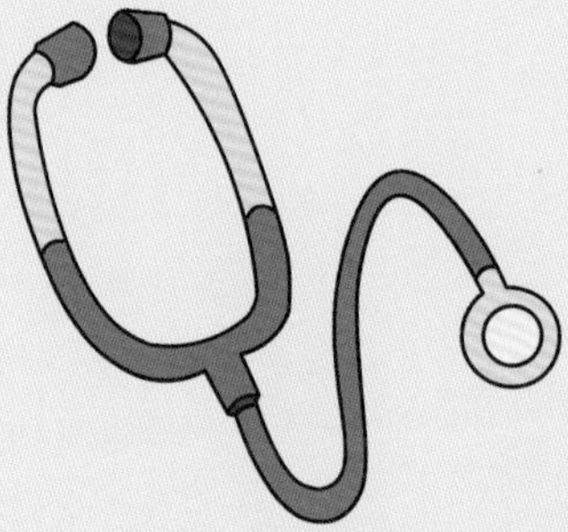

C

D

E

F
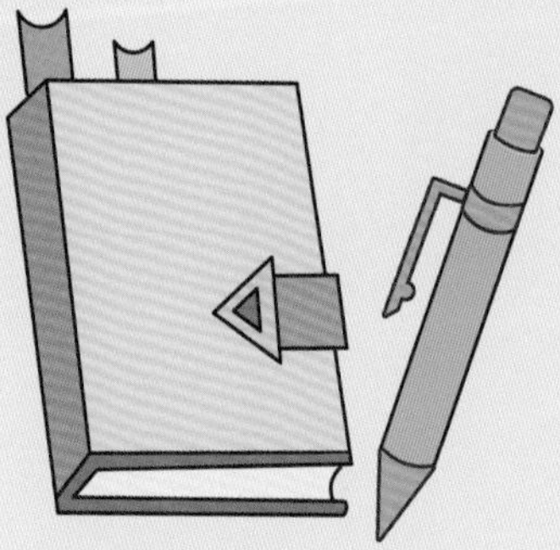

G

H

大律師裝束

做得好！

大律師到法庭出席審訊時，需穿上專用的服飾。請按照指示，從貼紙頁中選出貼紙貼在下面適當位置，為律師穿上整齊的服飾吧！

我是大律師，要穿上律師袍和皮鞋，戴上假髮和領帶。

大律師裝束小知識：

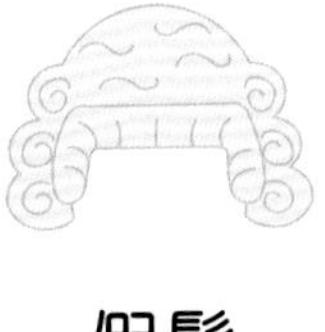
假髮

律師袍

領帶

皮鞋

大律師在法庭上穿黑袍、戴假髮，是源遠流長的傳統，象徵法律公正無私，也體現了司法的正式和莊嚴。

法庭人士

審訊即將開始，除了律師之外，你知道法庭內還會有什麼人嗎？小朋友，看看下面的介紹，請把相應的人物貼紙貼在正確的◯內。

1

法官

執行法律，確保審訊公正，為案件作出判決。

2

檢控官

對被指控違反法律的人士，提出刑事檢控。

3

被告

涉嫌違反法律，正面臨檢控。

4

陪審團

在刑事案件中，根據案中事實，決定被告是否有罪。

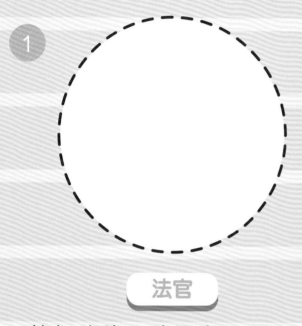

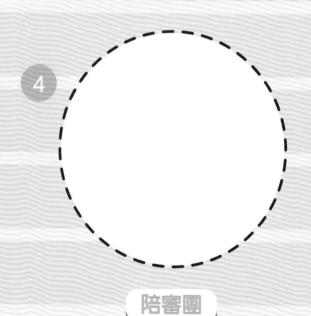

5

6

證人

就案中事實作證，
必須誠實無欺。

記者

現場記錄及報道案件。

法庭上還有司法書記、
法庭傳譯員等。審訊得
以順利進行，是需要多
方配合的。

7

旁聽人士

一般是公眾市民，
前來旁聽聆訊。

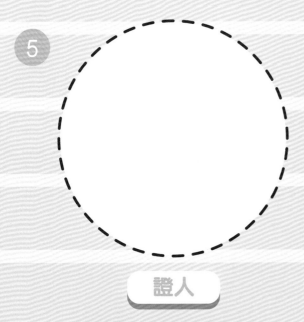

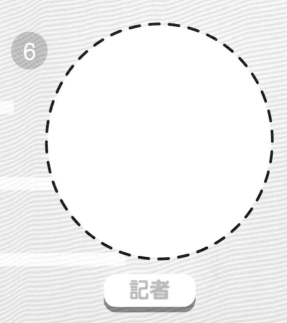

法庭守則

做得好！

法庭是莊嚴的地方，所有旁聽法庭聆訊人士必須遵守法庭守則，但是有些人違規了。請你看看右頁上方的注意事項，用 X 貼紙貼在做出違規行為的人上。（小提示：共 7 人違規）

注意事項

1. 保持安靜。
2. 衣着應整齊合宜。
3. 不得攝影。
4. 不得通話。
5. 不得作出干擾行為，例如：喧嘩、拍掌。
6. 不得作出與旁聽聆訊不相關的行為，例如：飲食、閱讀報章。

法律英文詞彙

律師需具備良好的語言能力及表達能力。小朋友，你能在下面的字格裏找出左邊五個英文詞彙嗎？請把它們圈出來吧。

lawyer 律師

judge 法官

court 法院

evidence 證據

justice 公義

o	l	a	w	y	e	r	w	e
j	h	b	c	y	v	m	x	i
u	j	u	s	b	i	r	w	a
s	l	a	j	u	d	g	e	p
t	i	o	p	w	e	r	w	e
i	w	e	i	n	n	e	t	i
c	o	u	r	t	c	n	x	m
e	s	k	i	o	e	w	o	e
o	m	a	w	r	b	r	w	e

香港法治精神

香港重視法治精神，一向以擁有良好法治見稱。小朋友，看看下面的文字說明，請把相應的法治精神貼紙貼在正確的 ☐ 內。

1. ☐

任何人不論性別、種族、文化程度等，在法律面前的地位都是平等的。

2. ☐

市民與政府均須依法行事，尊重法律，才能維持社會穩定。

3. ☐

任何人被定罪前都應該獲得法庭不偏不倚的審訊。

法治是保障社會文明、安全和有序的重要基石，我們一定要遵守法律啊！

參考答案

P.6 - P.7

1, 3, 4, 6

P.8

D → B → A → C

P.9

1. B　2. C　3. A

P.10

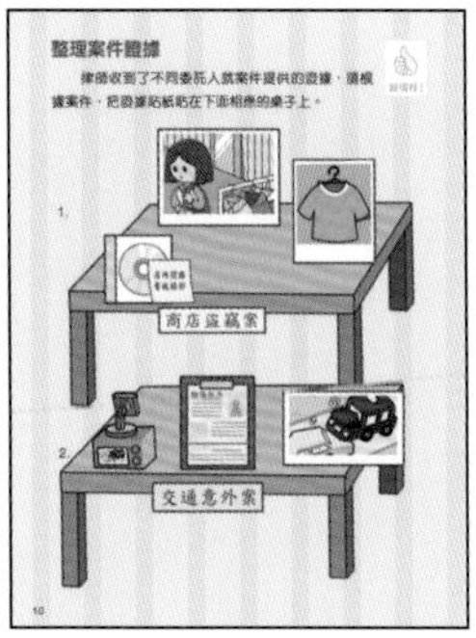

P.11

P.12 - P.13

P.14

A, E, F, G

P.15

P.16 - P.17

P.18 - P.19

P.20

P.21

1. 法律面前人人平等

2. 人人遵守法律　3. 公平公開的審訊

Certificate
恭喜你！

__________________（姓名）完成了

小小夢想家貼紙遊戲書：

律師

如果你長大以後也想當律師，

就要繼續努力學習啊！

家長簽署：__________________

頒發日期：__________________